青少年机器人编程

趣味编程动手玩

何泽庭　著

河南大学出版社
HENAN UNIVERSITY PRESS

·郑州·

图书在版编目（CIP）数据

青少年机器人编程 / 何泽庭著 . -- 郑州 ：河南大
学出版社，2020.5
　　ISBN 978-7-5649-4296-0

　　Ⅰ．①青… Ⅱ．①何… Ⅲ．①智能机器人－程序设计
－青少年读物 Ⅳ．① TP242.6-49

中国版本图书馆 CIP 数据核字（2020）第 080733 号

责任编辑　　侯若愚
装帧设计　　闫亚丹
艺术插画　　何泽庭

出　　版　　河南大学出版社
地　　址　　郑州市郑东新区商务外环中华大厦 2401 号
邮　　编　　450046
网　　址　　hupress.henu.edu.cn
排　　版　　河南博雅彩印有限公司
印　　刷　　河南博雅彩印有限公司
版　　次　　2020 年 7 月第 1 版
印　　次　　2020 年 7 月第 1 次印刷
开　　本　　889 mm × 1194 mm　　1/12
印　　张　　7
字　　数　　27 千字
定　　价　　66.00 元

本书如有印装质量问题，请与河南大学出版社营销部联系调换。

前　言

2020 年春节，一场意料之外的新冠病毒疫情彻底颠覆了我渴望许久的寒假生活。整个假期，我只能困在家里，在爸妈的"俯视"下，天天与网络外教，隔着电脑，说着 ABC。足球训练、钓鱼捉鸟、偷放烟花，甚至是一年一次的收春节红包，原本属于一个十岁小男孩的春季狂欢，现在都变成了"狂想"……

在这段与世隔绝的时间里，唯一让我快乐的就是我的机器人和编程游戏了。利用空闲时间，我用 EV3 制作了智能分拣快递的输送流水线、电子保险库、无人驾驶碰碰车，用 PYTHON、SCRATCH 语言编写了保护小年兽、乌龟赛跑、板牙兔拔萝卜这些小游戏，简单但又十分可爱。虽然，我只能在父母打盹儿的时候，悄悄地制作机器人和编写程序，但这些机器人和程序却是陪伴我度过那段特殊时期的最温暖的"兄弟"了。

让我们一起走进童话一般的机器人编程世界吧！

目 录

编程童话世界简介

在编程的童话世界里，有两块大陆，东边的那块叫"代码大陆"，西边的那块叫"模块大陆"。在代码大陆上，有C、C++、PYTHON、JAVA四个国家，那里的精灵分别用与之同名的这四种语言来交流和建造世界。而在模块大陆，只有一个叫作SCRATCH的国家，说着SCRATCH语言，所以大家也把模块大陆称为SCRATCH国。

下面，挑选两个最好玩的看看吧。

SCRATCH 国历险记

每一名来到 SCRATCH 国的朋友，都会得到一个可爱精灵陪伴，他就是著名的板牙兔哥。这里，板牙兔哥闪亮登场，全书陪伴，哈哈。

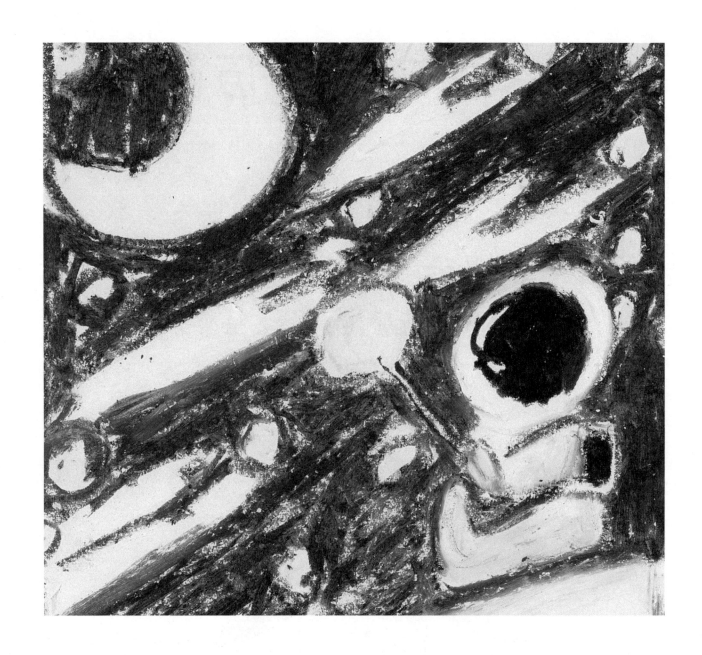

在 SCRATCH 国，人们最擅长的就是为小朋友制作游戏和动画。喜欢什么做什么，可以是飞机大战，还可以是小品……

他们是怎么使用 SCRATCH 语言工具的呢？让板牙兔哥告诉我们吧！

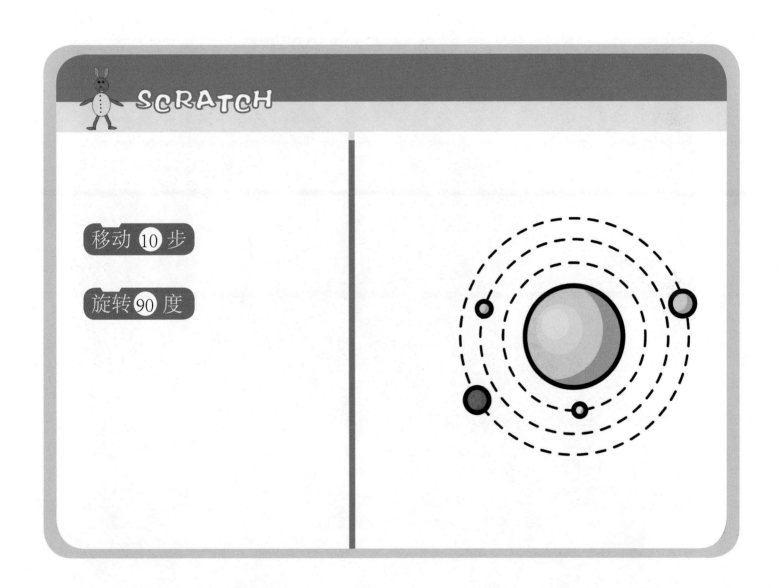

　　大舞台上可以放很多素材、背景音乐。通过拖动图形化的动作模块，运用逻辑运算，如控制模块、侦测模块，在特定的事件中运行。

在这个过程中常常会用变量，让运算变得更简便。在我之前制作的一个小游戏中，为了记录用户的得分数据，运用克隆来代替 Y=Y+1 的函数计算。

SCRATCH 的舞台选择是非常多元化的，

可以选择一些图片制作背景，也可以自己绘制

背景。

板牙兔哥拔萝卜

　　在 SCRATCH 城堡南边的一条小河旁，有一栋三层高的绿顶房子，远远看过去，就像一棵大树，那就是板牙兔哥的家。

家门前有一块菜地，板牙兔哥长年在地里种着他最爱吃的胡萝卜。每一名来到这里的小朋友，板牙兔哥都要邀请他一起采摘和品尝。

简易游戏：森林作为舞台背景，用控制模块让小兔子动起来。当兔子走过森林，我们然后切换舞台背景，进入萝卜地，开始拔萝卜。

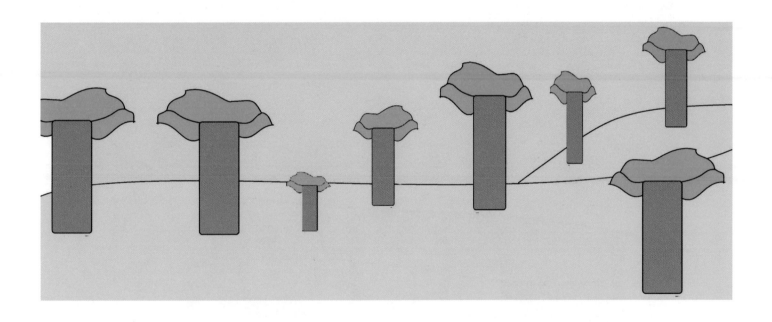

每拔一个萝卜用变量记一个数，当拔完一个萝卜，隐藏的萝卜母体，三秒后会再克隆出一个新的萝卜。

 举例

 我的海底世界

先找一个海洋的背景，再对背景做一个简单的编程。

在事件中选"当绿旗被点击"，放在程序的最上面，我们通常叫它为"帽子模块"。

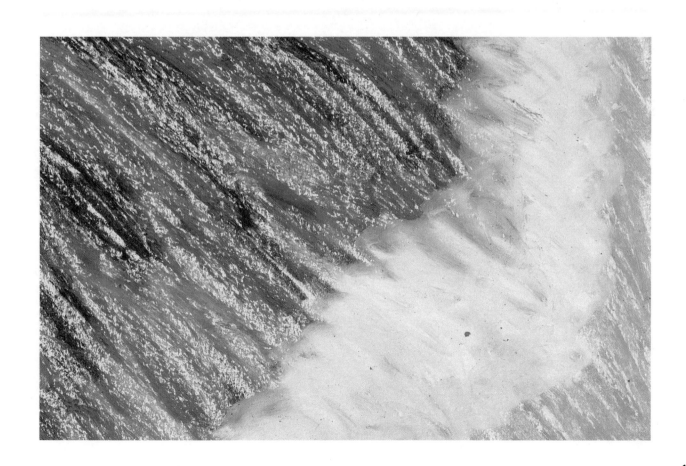

　　然后在控制选中"重复执行"模块，加入"播放声音"模块，选中最喜欢的音乐，这样海底的音乐就设置好了。

　　接下来是选择角色。找到动物那一栏，选一个鱼、一个鲨鱼和一个章鱼。我们以鲨鱼为例，它有两个造型，使它在运动的过程中来回切换造型，这样鲨鱼就会更加形象。

先找到"当绿旗被点击",再选一个"重复执行",加入"下一个造型",等待0.1秒,移动20步,"碰到边缘就反弹",将鲨鱼设为左右翻转。以此类推,另外两个也用同样的方法编写。

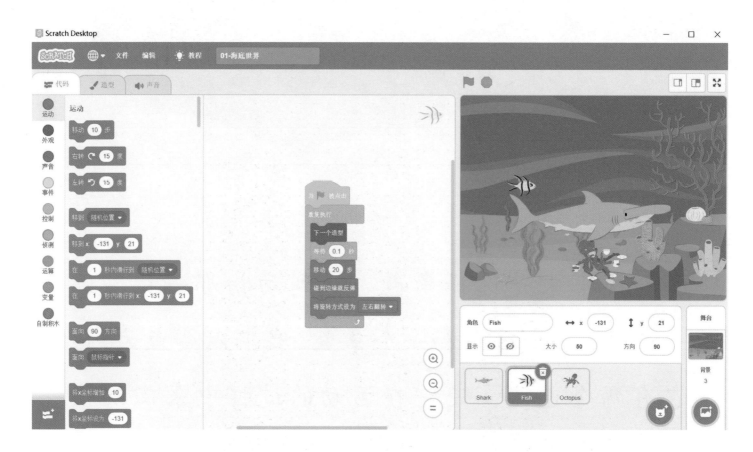

举例

我的钢琴

打开 SCRATCH 编程界面，在造型区绘制钢琴键。因为钢琴键是长条形，所以在绘制的时候，可以选择矩形，画一个大小合适的琴键。

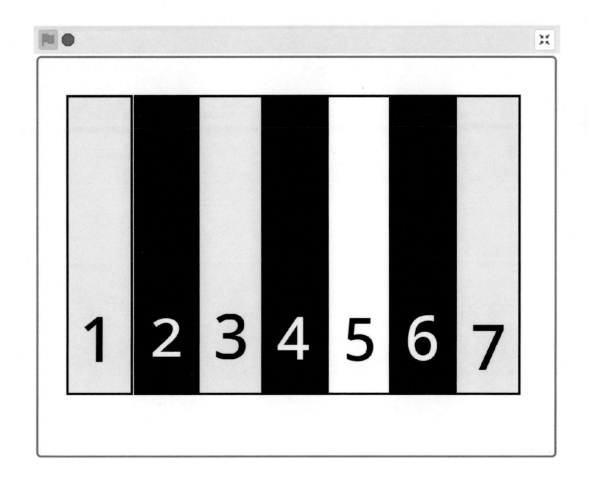

作为角色 1，复制角色 1。制造角色 2，以此类推，完成 7 个角色设置，再对 7 个角色进行排版。

以角色 1 为例, 再复制造型 1, 会出现造型 2,
把造型 2 的琴键颜色换成自己喜欢的颜色。

在代码区进行编程，在事件中选择"当绿旗被点击"，然后在运动中选移动模块拖到编程界面，在外观中选"造型模块；换成造型1"，在控制中选择"重复执行"。

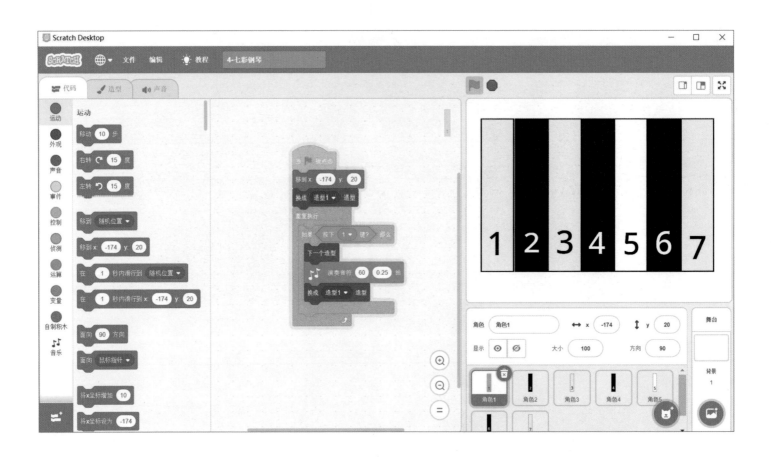

加入"如果…那么…"的条件循环模块，
在侦测中选"按下空格键"模块，把空格换成1。

可以理解成满足"1"被按下的条件，它会执行以下动作，切换"下一个造型""演奏音符…拍"，再切换成"造制1造型"。

　　把剩下的几个键都按上面的方法编写，在"演奏音符…拍"里换成不同的数字，在条件中用数字1控制第一个键，用数字2控制第二个键，以此类推，我的钢琴就可以演奏了。

代码大陆 PYTHON 国历险记

在 SCRATCH 国的东南边，有一片大海，大海的另一头就是童话世界里的东大陆——代码大陆，离海岸线最近的则是 PYTHON 国。

那里的人们最擅长互相交流，特别是帮助小朋友与电脑进行交流。

比方说，当我们用手机去购买时，PYTHON国的精灵就躲在手机里面，帮助我们找到想要的学习用品，而且还能够非常聪明地用后台的数据，按照我们喜欢的外观和功能，向我们推荐相似的产品。

在爸妈的世界里，PYTHON 国的精灵也忙碌极了。如股票、图书馆数据处、智能家居。在制作一些大型网站的时候，常常会成立一个用 PYTHON 处理数据的团队，来保证整个网站的正常运作。

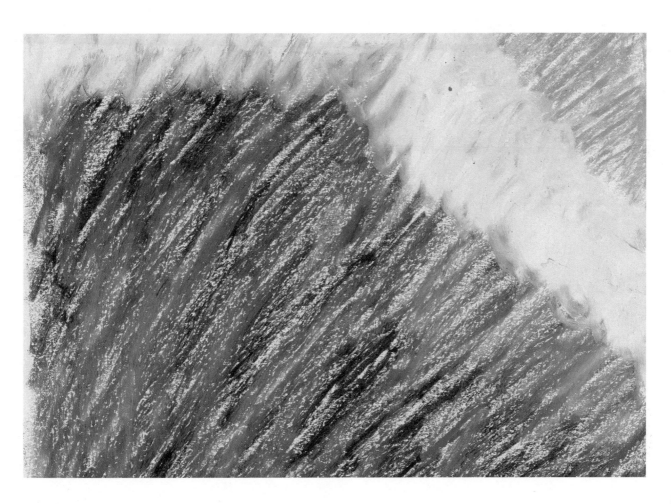

我制作的 PYTHON

来个简单的：有趣的多边形。

用 PYTHON 来绘制多边形。

第一，我们要画几边形。第二，每条边的长度是多少。第三，我们要用到多边形的特点，它的外角和等于 360 度。

下面是我的编程：

1.import turtle（调用 turtle 绘图工具库）；

2.t=turtle.pen()（设置 turtle 库中的画笔）；

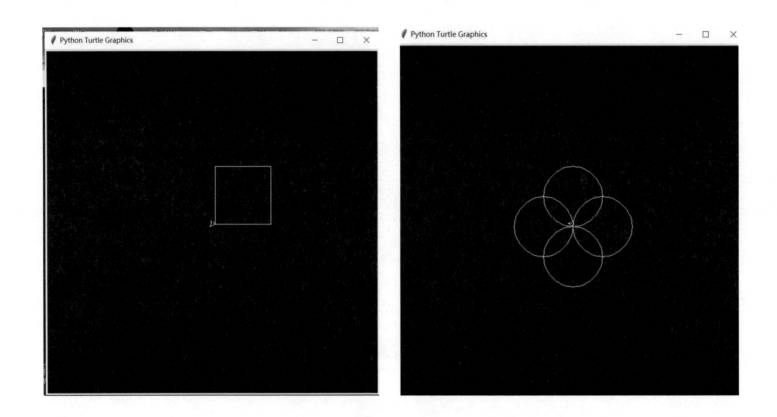

3.n=int（turtle.numinput（'确定边数'，'你想画一个正几边形呢？'））（这是要绘制几边形）；

4.for I in range（n）：（确定 n 等于几）；

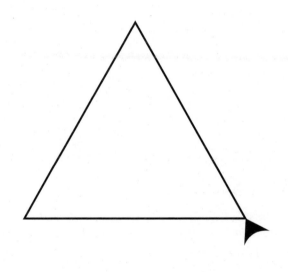 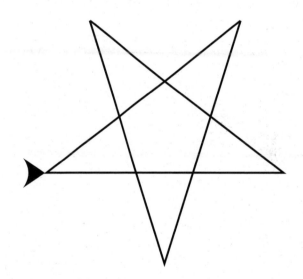

5.t.forward（100）（确定多边形的长度）；

6.t.right（360/n）（多边形的外角和等于360度）；

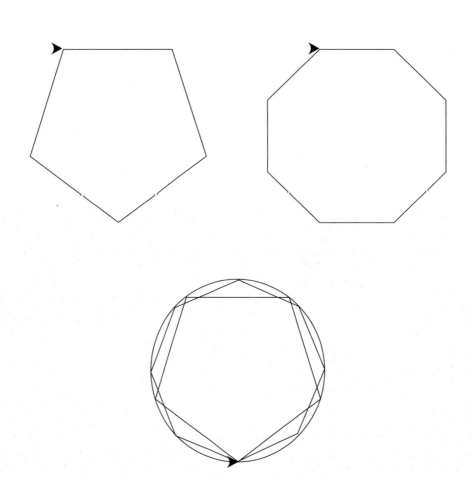

7.turtle.done()（停止画笔，保留界面不退出）。

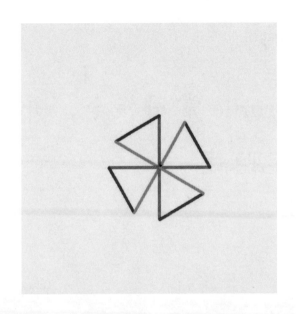

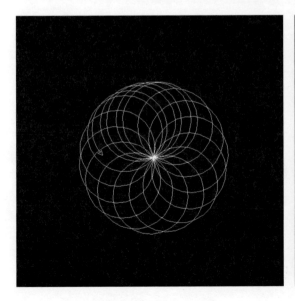

我的表情我做主

来个难一点的：

程序中使用 turtle 常用指令，并设置画笔颜色，绘图完成并将画笔隐藏。

下面是我的编程

import turtle as t ＃ 导入 turtle 绘图工具，turtle 简写作为变量 t。

第一，制作一个脸

t.pen up()　# 抬起画笔

t.forward(75)　# 向前 75 个像素

t.pen down()　# 画笔落下

t.pensize(150)　# 画笔的粗细为 150

青少年机器人编程
ROBOT PROGRAMMING FOR TEENS

t.pencolor("gold") # 画笔的颜色

t.seth(90) # 箭头指向设为逆时针旋转 90 度

t.circle(75) # 画半径为 75 的圆

第二，制作嘴巴

t.seth(0)　# 箭头指向设定初始方向

t.pen up()　# 抬起画笔

t.forward(21)　# 向前进 21 个像素

t.seth(−90)　# 箭头指向设为顺时针旋转 90 度

t.forward(72) # 向前 72 像素

t.seth(53) # 设置画笔的方向为 53 度

t.pen down() # 落下画笔

t.pencolor("red") # 设置画笔颜色为红色

t.pensize(30) # 设置画笔的粗细为 30

t.circle(120, −106, steps=4) # 绘 制 大 小 半 径 为 120， 夹角为 106 度的圆弧，设置步骤为 4 步画完圆弧

第三，制作漂亮的腮红

t.seth(90)　# 设置画笔方向为 90 度

t.pen up()　# 抬起画笔

t.forward(82)　# 画笔前进 82 个像素

t.seth(180)　# 设置画笔方向为 180 度

t.forward(44) # 画笔前进 44 个像素

t.seth(0) # 设置画笔的方向为 0 度

t.pen down() # 落下画笔

t.pensize(20) # 设置画笔的粗细为 20 像素

t.pencolor("pink")　#设置画笔颜色为 pink(粉红色)

t.forward(60)　#画笔前进 60 个像素

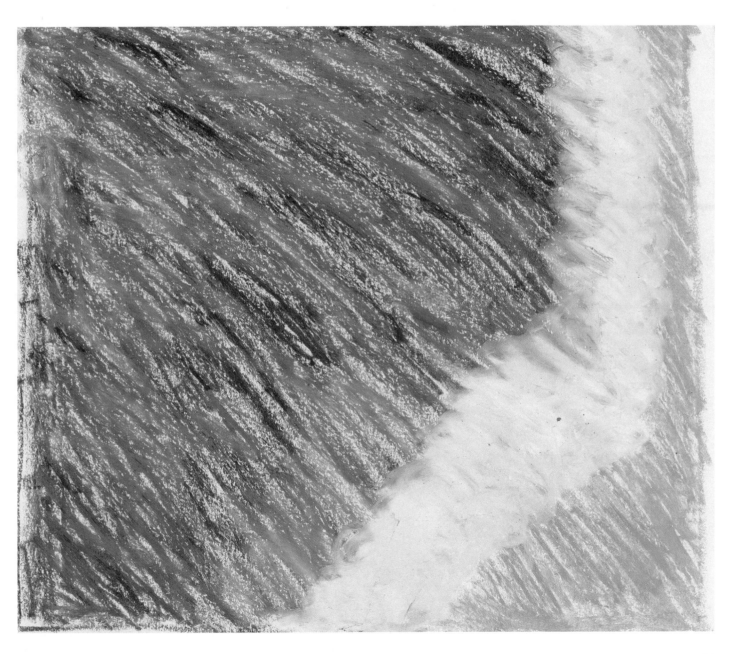

t.pen up() # 抬起画笔

t.forward(160) # 画笔前进 160 个像素

t.pen down() # 落下画笔

t.forward(60) # 画笔前进 60 个像素

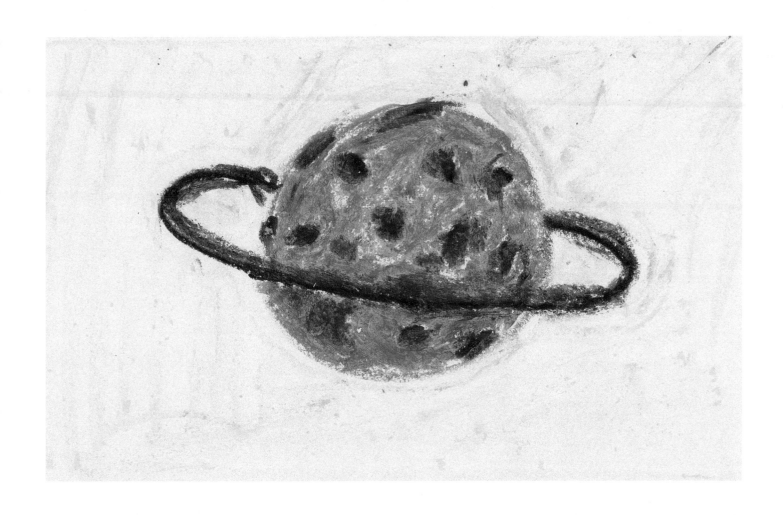

t.seth(90) # 设置画笔的方向为 90 度

t.pen up() # 抬起画笔

第四，制作眼白

t.forward(40) # 画笔前进 40 个像素

t.seth(180) # 设置画笔的初始方向为 180 度

t.forward(10)　# 画笔前进 10 个像素

t.seth(163)　# 设置画笔的初始方向为 163 度

t.pen down() # 落下画笔

t.pencolor("white smoke") # 设置画笔的颜色为
white smoke（烟白色）

 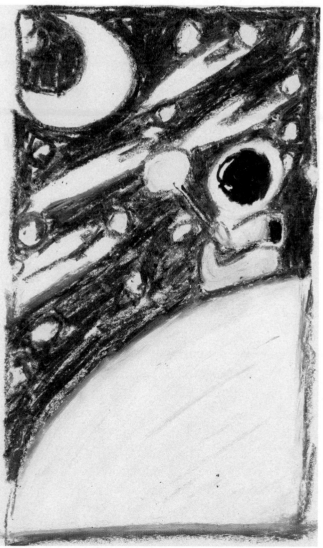

t.pensize(30)　＃设置画笔的粗细为 30 像素

t.circle(155, 30)　＃绘制半径为 155，夹角为 30 的圆弧

t.seth(180) ＃设置初始朝的方向为 180 度

t.pen up() ＃抬起画笔

t.forward(100) # 画笔前进 100 个像素

t.seth(164) # 设置初始朝向为 164 度

t.pen down() # 落下画笔

t.circle(155, 30) # 绘制半径为 155，夹角为 30 的圆弧

t.pen up() # 抬起画笔

第五，绘制滑稽的眼睛

t.seth(0) # 设置画笔方向为 0 度

t.forward(25)

t.seth(90) # 设置初始为 90 度方向

t.forward(2) # 前进两个像素

t.pen down() # 落下画笔

t.pencolor("black") # 设置画笔颜色为黑色

t.pensize(16)　# 设置画笔粗细为 16

t.circle(8)　# 绘制一个半径为 8 的圆

t.pen up() # 抬起画笔

t.seth(0) # 设置初始为 0 度方向

t.forward(180) # 前进 180 个像素

t.seth(90) # 设置初始为 90 度方向

t.pen down() # 落下画笔

t.circle(8) # 绘制一个半径为 8 的圆

t.pen up() # 抬起画笔

第六，制作眉毛

t.seth(180) # 设置画笔初始为 180 度方向

t.forward(10) # 画笔前进 10 个像素

t.seth(90) # 设置画笔的初始方向为 90 度

t.forward(33) # 画笔前进 33 个像素

t.seth(−120)　# 设置画笔的初始方向为 −120 度

t.pen down()　# 落下画笔

t.pensize(5)　#设置画笔粗细为5

t.circle(40, −120)　#绘制半径为40，角度为120的圆弧，顺时针方向绘制

t.pen up() # 抬起画笔

t.seth(180) # 设置画笔的初始方向为 180 度

t.forward(200)　# 画笔前进 200 个像素

t.seth(120)　# 设置画笔的初始方向为 120 度

t.pen down() # 落下画笔

t.circle(40, 120) # 绘制半径为 40，角度为 120 的圆弧，逆时针方向绘制

t.hideturtle() ＃ 隐藏画笔

t.done() ＃ 完成绘图

板牙兔哥说

通过学习编程语言，我发现这些东西能给生活带来许多便利，解决不少问题。

人工智能时代，我们用科学技术去实现梦想！未来在我们手中……